生命篇

哇，科学有故事！

遗传的故事

[韩] 李韩音 / 文 [韩] 安宰善 / 绘 千太阳 / 译

人民东方出版传媒
People's Oriental Publishing & Media
東方出版社
The Oriental Press

为什么子女长
得像父母?
孟德尔

变异也会遗传吗?
基因是什么样子?
摩尔根
沃森
克里克

目录

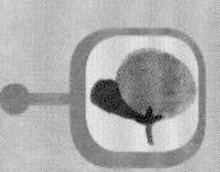

孟德尔老师，为什么我长得像爸爸妈妈呢？

一直以来，人们都好奇父母的特征是如何传递给子女的。为了解开这个秘密，我在修道院种植了三万多株豌豆，并进行实验，终于发现遗传定律。

1822 年，格雷戈尔·孟德尔出生于奥地利。

由于家境贫寒，孟德尔没能读完大学，他进了修道院，成为一名修道士。在修道院的资助下，孟德尔得以在大学里学习数学和科学。

孟德尔很想搞清楚孩子为什么会长得像父母。

“如果将白花和红花进行杂交，会发生什么事情呢？”

每当孟德尔提出这样的问题，人们都会满不在乎地回答说：“当然是会产生粉色花喽。”

听起来好像很有道理，但若真是如此，那世上的白花和红花早就该消失，只剩下粉色花才是。

孟德尔决定研究一下遗传现象，找出孩子与父母相像的原因。

我要种植一些植物，解开这个秘密。

孟德尔在修道院院子里种上了很多性状不同的豌豆。

豌豆的性状是指圆润的豌豆和有褶皱的豌豆、黄色豌豆和绿色豌豆、红花和白花等生物固有特征。

孟德尔觉得豌豆的性状比较明显，易于区分，应该容易看出性状的遗传规律。

孟德尔把红花的花粉抹在白花的雌蕊上，然后把结出的豌豆种在地里，等着它开花。

过了一段时间，白花和红花杂交结出的豌豆终于开花了。

然而，结果却令孟德尔感到无比惊讶："居然没有一朵粉色花？"

更让他感到震惊的是，这些豌豆中没有开出哪怕一朵红花来。

孟德尔开始认真思考其中的缘由。

“对，应该是白花的性状比较强势，掩盖了红花相对较弱的性状。”

孟德尔将白花的性状命名为“显性性状”，将红花的性状命名为“隐性性状”。

然而，孟德尔再次遇到了新的问题。如果代表隐性性状的红花完全消失了，那世界上怎么还会有红花呢？

这次，孟德尔先将白花豌豆和红花豌豆进行了杂交，然后用它们结出来的白花豌豆再进行一次杂交。

这时，惊人的事情又发生了："哇，红花又出现了！之前肯定是躲在了哪里。"

孟德尔数了一下白花豌豆和红花豌豆的数量。

"白花和红花的比例大约是 3 ： 1。"

孟德尔感到很神奇。因为不管种植多少株，得出的结果都是相同的。

"红花重新出现，是不是说明掩盖了隐性性状的显性性状消失了呢？可为什么四株中只有一株的显性性状消失了呢？"

孟德尔的豌豆杂交实验

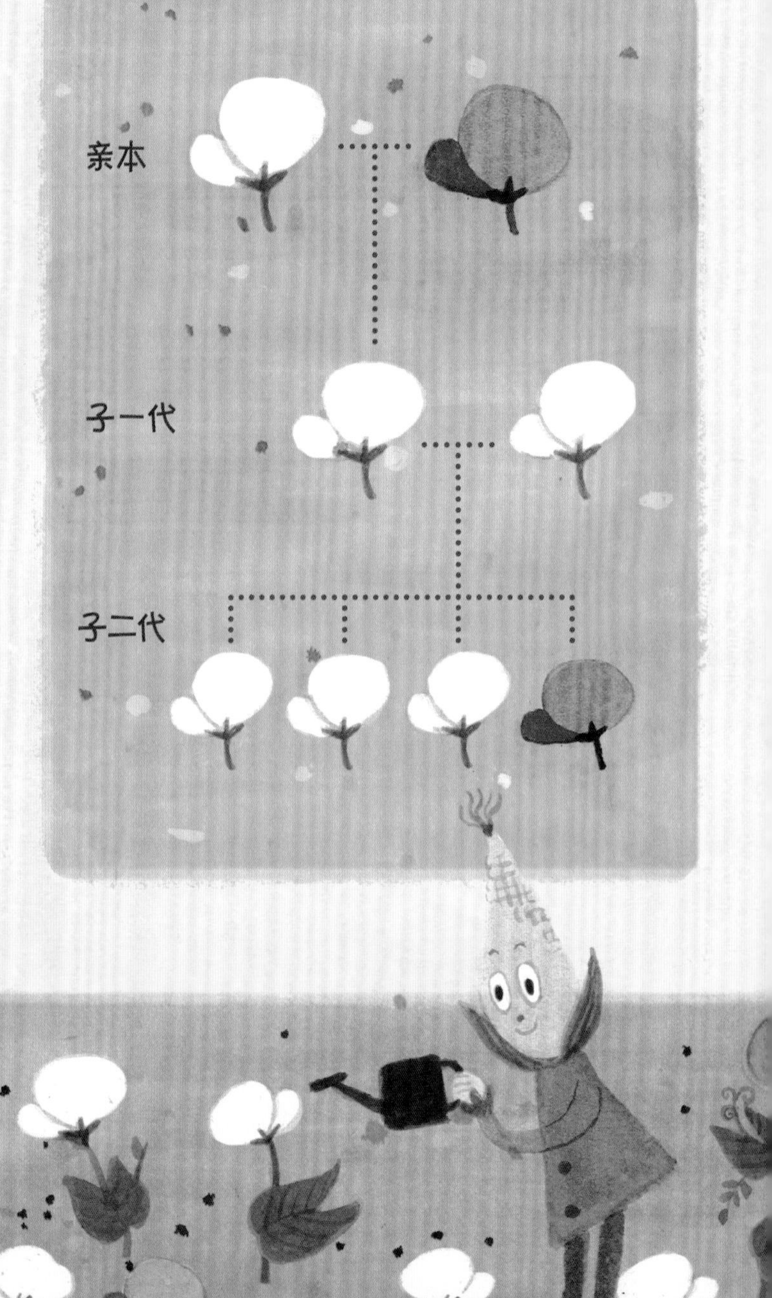

孟德尔苦苦思考，脑中突然闪现出一个想法：“如果我假设它们分别拥有开白花的因子和开红花的因子，会怎样呢？”

孟德尔认为决定性状的因子是成对的，所以在进行杂交后，因子就会相互结合在一起。

因此，若植物拥有白花因子，那它就会开出白花；若植物没有白花因子，只有红花因子，那它则会开出红花。

在八年的时间里，孟德尔共种植了三万多株豌豆。在做各种各样杂交实验的同时，他将自己看到的遗传规律进行了整理，并于 1865 年发表出来。然而，并没有多少人关注孟德尔的研究成果。

不过，倒是有一位生物学家曾对此表示过关注，但是他认为孟德尔的观点是错误的，因此他建议孟德尔用绣线菊重新做一次实验。不过，绣线菊的杂交实验非常难做。

三年后，孟德尔成为修道院的院长。由于工作繁忙，他不得不放弃所有的研究。

孟德尔的研究结果始终没有受到人们的重视。

直到孟德尔离世十六年后，才有几位科学家发现他的论文。

他们感到非常震惊。因为他们没想到在数十年前就已经有人做过和自己相同的研究。

科学家们将孟德尔发现的遗传因子命名为“基因”。

顿时，孟德尔成为名噪一时的风云人物。直至今日，他仍被人们称作“现代遗传学之父”。

遗传

遗传是指父母的特征传递给子女的现象。基因是遗传的基本单位。生物个体因基因表现出来的模样、大小、性质等特征，我们称为“性状”。一对纯种的具有相对性状的个体进行杂交时，子一代表现出来的性状叫作“显性性状”，未表现出来的性状叫作“隐性性状”。

基因和性状

基因是成对存在的。

不同基因的组合，所表现出来的性状也不相同。

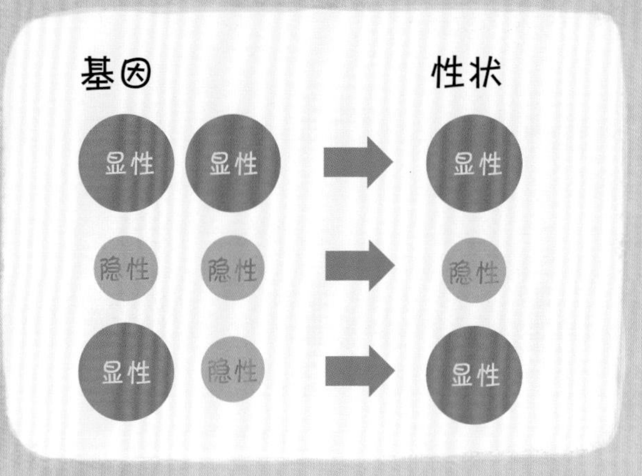

性状是如何传递的？

生殖细胞——精子和卵细胞中分别含有父母的基因。子女会分别从父亲和母亲那里得到一组基因，从而形成自己的性状。

是显性，还是隐性？

人的身体中，可以明确划分为显性或隐性的性状并不是很多。

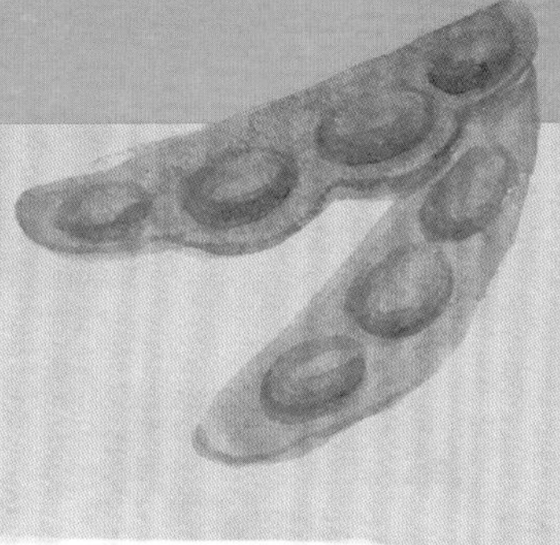
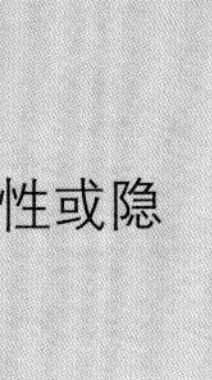

黑色的眼睛 显性　蓝色的眼睛 隐性

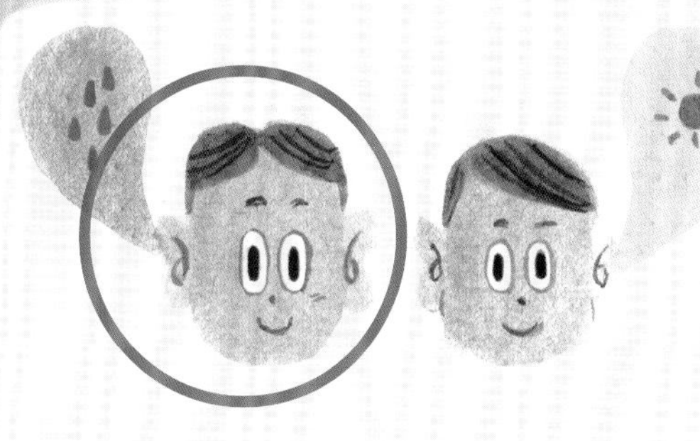

耳垢潮湿 显性　耳垢干燥 隐性

卷发 显性　直发 隐性

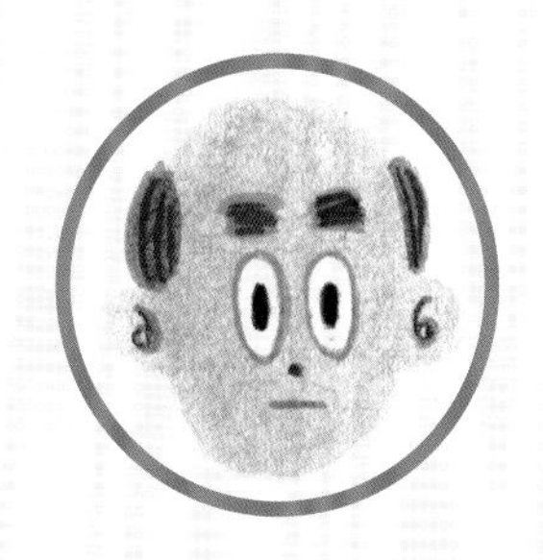

秃头 显性　不秃头 隐性

酒窝 显性　没有酒窝 隐性

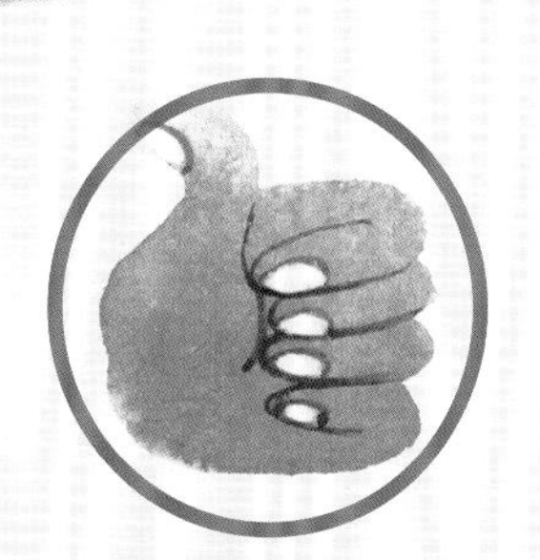
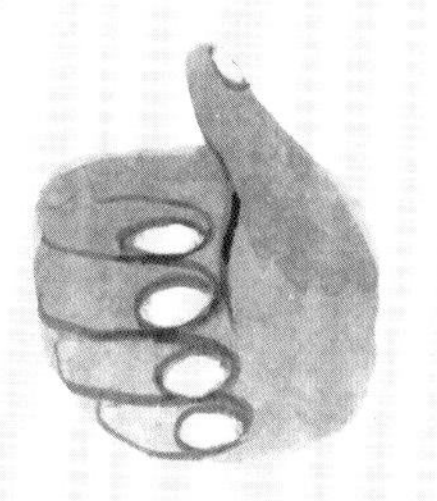
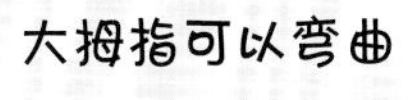

大拇指可以弯曲 显性　大拇指无法弯曲 隐性

为科学献身的动物们

为了做实验，孟德尔种植三万多株豌豆，最终发现了遗传定律。孟德尔选择豌豆作为实验对象，可以说是一种幸运。因为用豌豆做实验，实验结果会非常明显。在做实验时，科学家们往往会选择其他人曾经使用过的，同时已取得好结果的生物去做实验。这样的生物，我们称为“模式生物”。

实验中所使用的果蝇、秀丽隐杆线虫、斑马鱼、小鼠等均属于模式生物。

模式生物具备可以快速成长、快速繁殖，以及同一实验条件下可以获得相同结果的特点。动物实验是医学和生物学发展过程中必不可少的。但是这种过程会令无数实验动物承受可怕的痛苦和牺牲，因此现在反对用动物做实验的呼声正逐渐高涨。

不过，动物实验的目的和形式五花八门，所以很难马上全面禁止。而且，人们也在做很多努力。例如，尽可能不使用活着的动物、减少实验动物的数量，以及通过麻醉等方式减轻动物所承受的痛苦，等等。

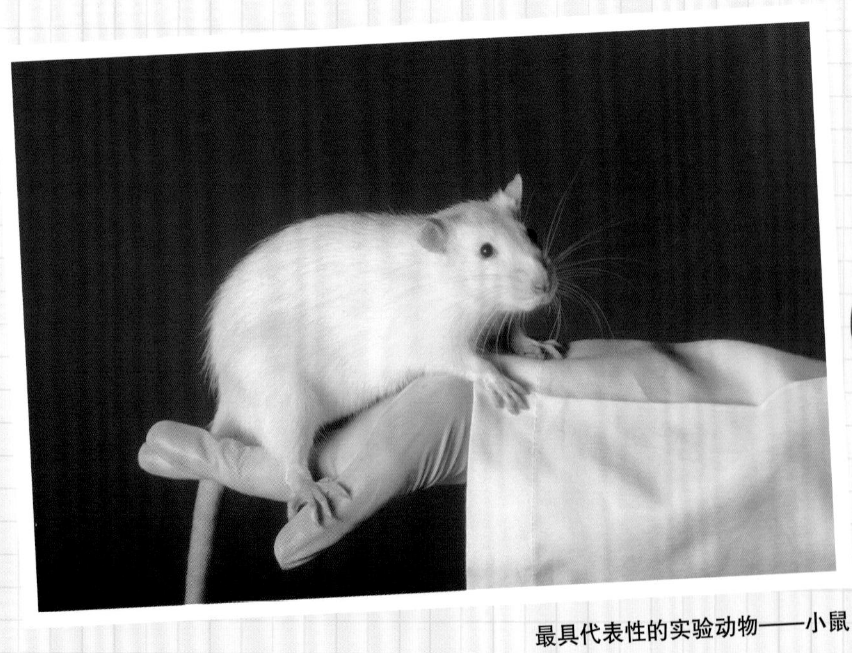

最具代表性的实验动物——小鼠

摩尔根博士，变异是从天上掉下来的吗？

从孟德尔的实验来看，来自父母的性状会原封不动地遗传到后代身上。但是我通过果蝇实验发现，事实并非如此。当基因发生转变后，后代也有可能表现出父母身上所没有的性状。这就叫作“变异”。

在 20 世纪，科学家们试图通过各种不同事例，验证孟德尔遗传定律。

荷兰的遗传学家德弗里斯就是重新发现孟德尔的研究，并将它进行传播的人员之一。

有一天，德弗里斯在一片废弃的地里发现一株长得非常奇怪的月见草。

与周围其他月见草不同，它所开出来的花朵非常大。

美国遗传学家托马斯·摩尔根喜欢研究果蝇。因为果蝇是一种经常出现新性状的动物。例如，翅膀弯曲、眼睛变白、体格庞大等，均属于变异。摩尔根在试管里共饲养了数十万只果蝇，同时做了很多与变异有关的实验。

摩尔根认为只有德弗里斯的突变理论是正确的，而其他理论都是错误的。毕竟他亲自观察过变异的情况，所以能够产生这样的想法也无可厚非。

摩尔根觉得孟德尔遗传定律，即基因配对而表现出性状的理论是错误的。然而摩尔根是一位科学家，他觉得自己有必要通过实验来证明。

我要通过实验证明孟德尔遗传定律是错误的。

如果实验结果表明孟德尔遗传定律是正确的，又该怎么办呢？那我只能选择接受了！

摩尔根决定通过果蝇实验，来了解发生变异的基因的遗传规律。
果蝇经常出现变异，从卵转变为成虫只需要一周时间。

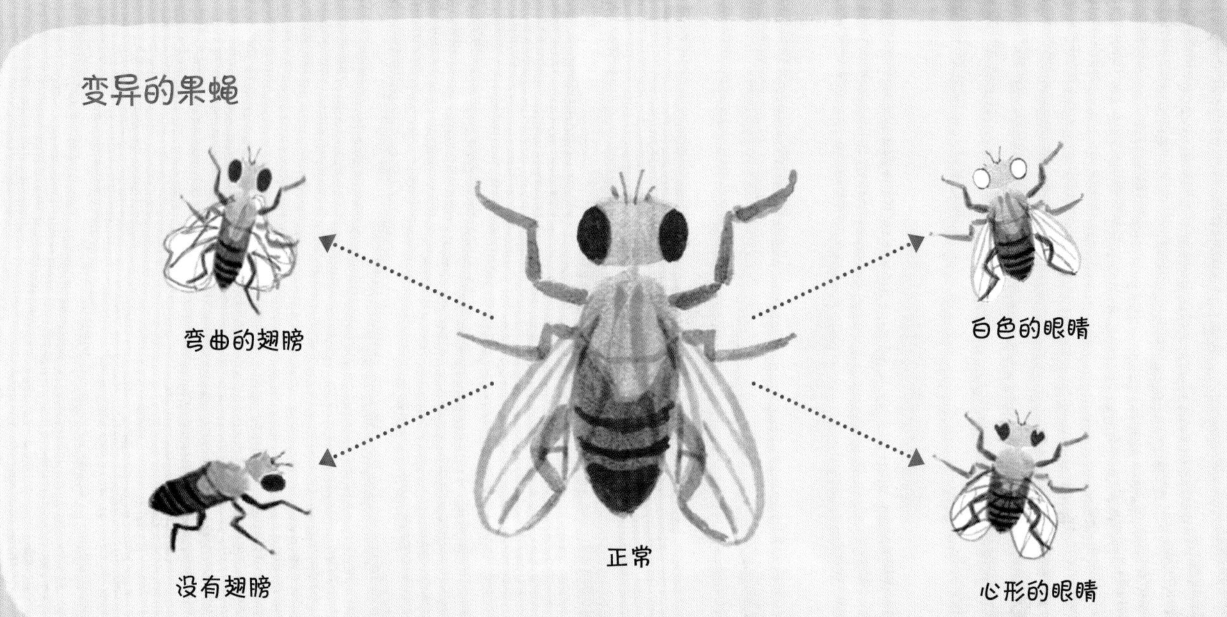

白眼果蝇是表现眼睛颜色的基因出现变异后的产物。

正常果蝇和变异的果蝇杂交后，会产生什么样的果蝇呢？
正常
变异
?

当红眼果蝇和变异的白眼果蝇杂交后，所产生的子一代果蝇全都是红眼。对此，摩尔根感到非常惊讶。

这说明红眼是显性性状，白眼是隐性性状。

即实验结果表明，孟德尔遗传定律是正确的。

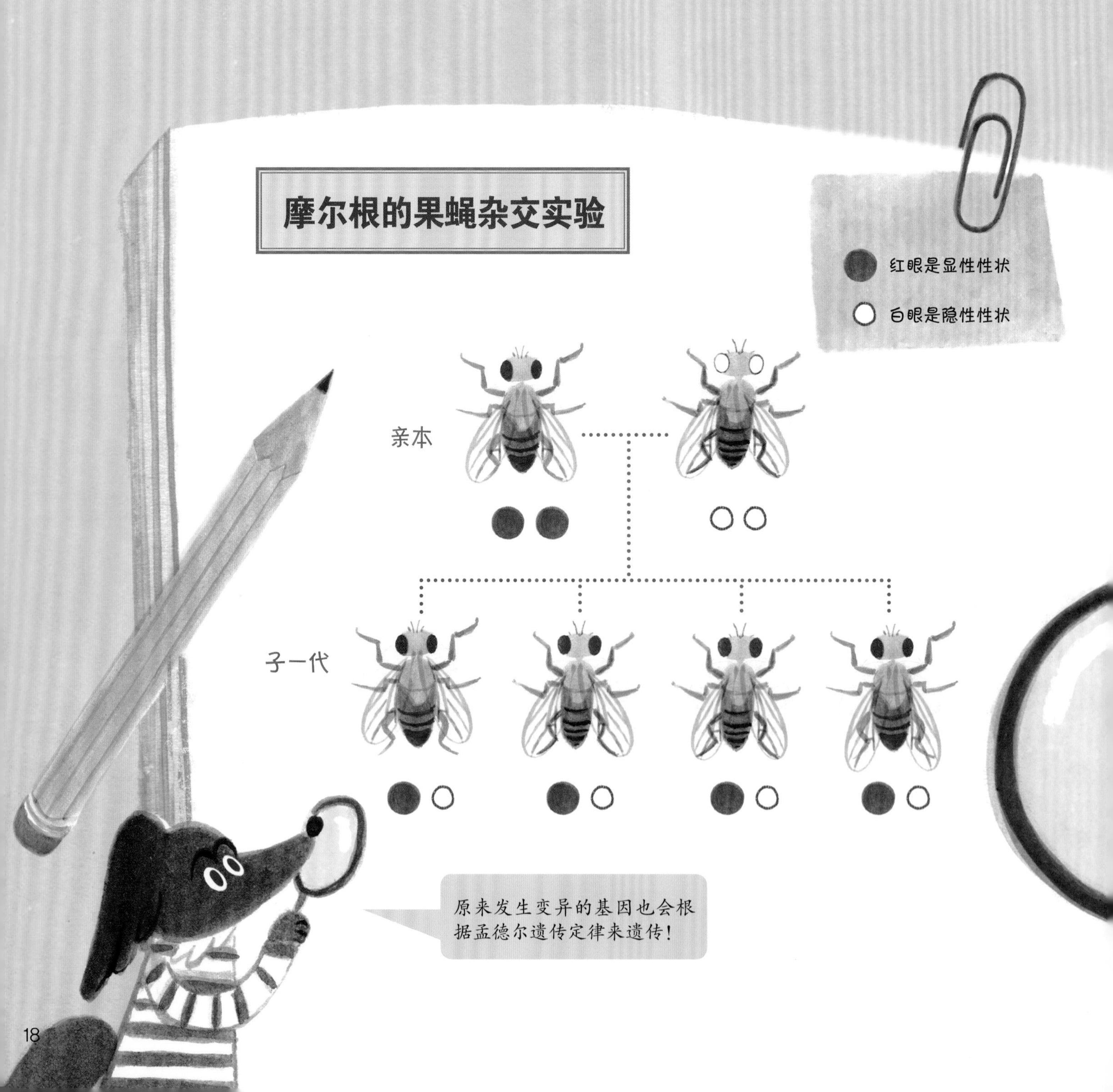

摩尔根的果蝇杂交实验
红眼是显性性状
白眼是隐性性状
亲本
子一代
原来发生变异的基因也会根据孟德尔遗传定律来遗传！

但是，摩尔根并没有就此放弃。

“没关系！那就再做一些实验好了。”

这次，摩尔根用子一代的红眼果蝇进行了杂交。

“咦？孟德尔又说对了。白眼果蝇又出现了！”

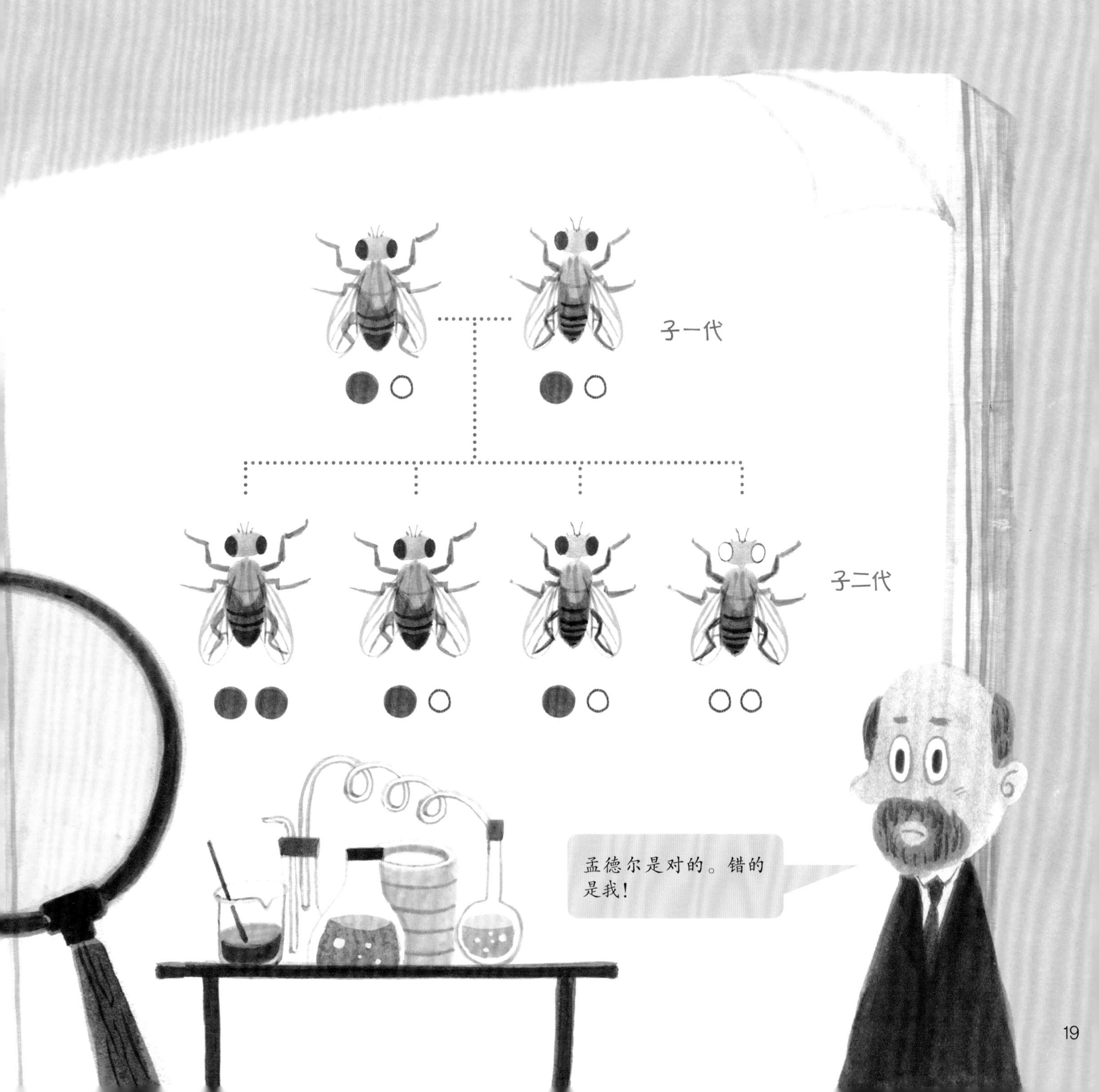

不过，摩尔根也发现了一些与孟德尔遗传定律相悖的地方。

那就是所有的白眼果蝇都是雄性。

对于这样的戏剧性结果，摩尔根展开了多方面的推测，最终发现只有一种情况能将它解释清楚。

白眼只在雄性果蝇身上出现，是因为形成白眼的基因与形成性别的基因是连在一起的。

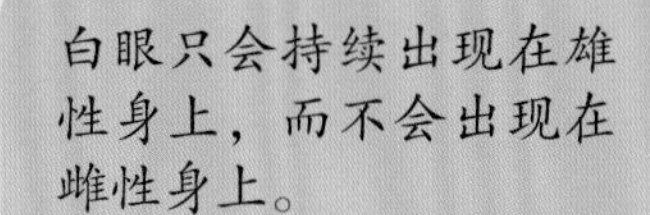

白眼只会持续出现在雄性身上，而不会出现在雌性身上。

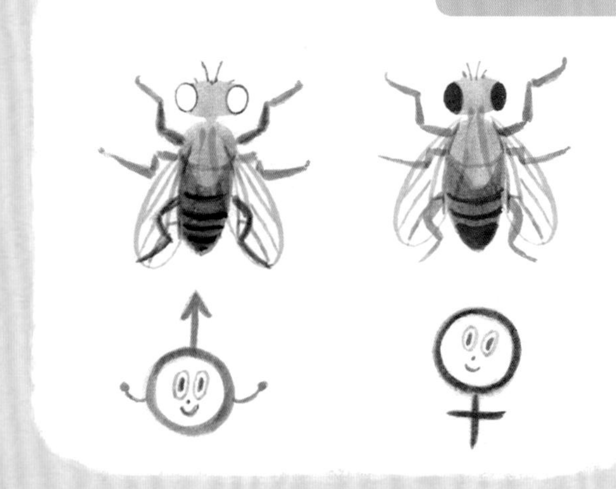

肯定是因为形成性别的基因和形成白眼的基因连在一起，所以才会出现这样的结果。

如果将基因绑在一起进行考虑，摩尔根的实验结果就能与孟德尔遗传定律相符合了。因为变异产生的新性状，也是根据孟德尔遗传定律遗传给子女的。

通过变异的果蝇的杂交实验，摩尔根证明了孟德尔遗传定律是正确的。

最终，这项研究结果令摩尔根在 1933 年获得诺贝尔奖。

现在，摩尔根研究过的果蝇也常被用于生物学研究当中。

变异

变异是指后代突然出现父母身上没有的全新性状的遗传现象。当基因或染色体出现异常时，变异就会发生。变异不只会自然发生，还有可能受到紫外线、辐射、化学物质等人为因素的影响而出现。

白化病

白化病是形成黑色素的基因出现异常而产生的变异。东北虎中出现了白虎，就是发生了变异。

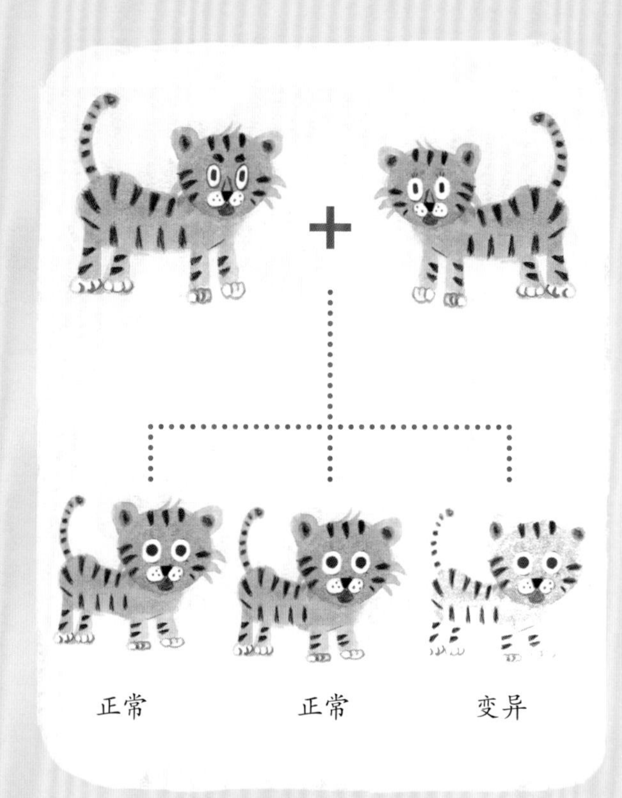

白化病常见于人类和各种动物。

白猩猩

白蛇

白孔雀

镰刀型细胞贫血症

圆饼状的红细胞基因出现异常，导致变成镰刀状。镰刀状红细胞携带氧气的功能弱，会引发溶血、堵塞毛细血管等症状。

正常红细胞

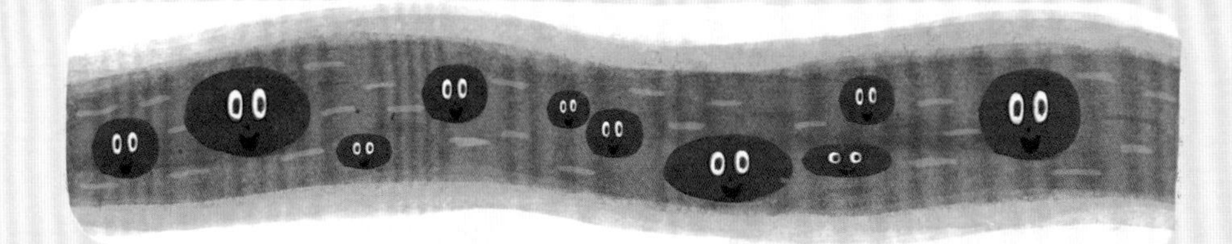

由于柔韧性强，所以即使在狭窄的血管里也能通行，同时可以运输氧气。

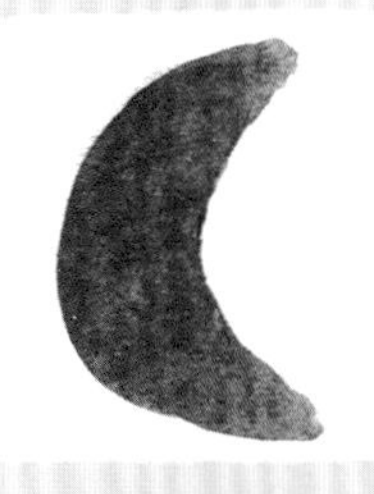

镰刀状红细胞

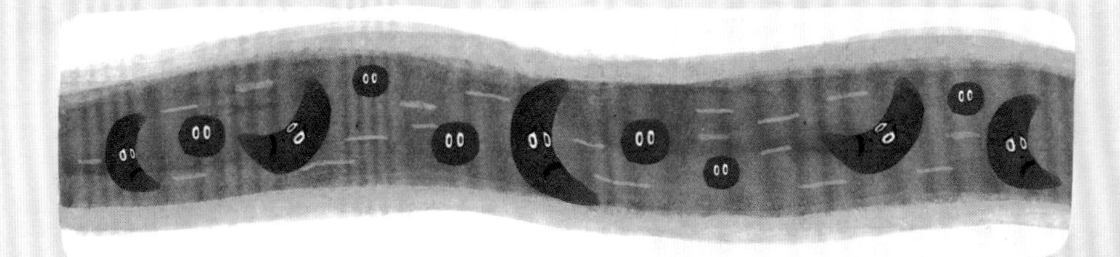

由于柔韧性下降，所以在通过狭窄的血管时易破裂，同时会堵塞血管。

唐氏综合征

特定的染色体数量比正常人数量多会导致变异，特征为心脏功能异常或拥有畸形的手脚、脸等。

无籽西瓜

使用能够对正常西瓜的染色体数量产生影响的化学物质，可以人为制造变异。

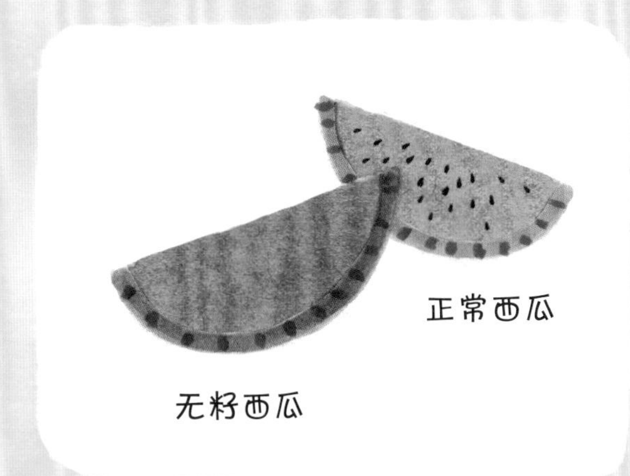

香蕉会从地球上消失吗？

我们常吃的香蕉有着几乎一模一样的基因，所以它们的味道几乎相同，只是形状和大小存在一定的差别。因为人们始终只挑选好吃的香蕉品种进行栽培。

但也有传闻说，我们爱吃的香蕉极有可能会从世界上消失，假如一种可以杀死香蕉树的霉菌在全世界范围内不断扩散。如果所有香蕉树都是相同的基因，就很容易患上同样的病；如果是不同的基因，那么即使一棵树得了病，其他香蕉树也有可能抵挡住病菌，从而存活下来。

因此，科学家们正在收集全世界植物种子。在世界各地，他们都建立了种子保管所，里面储藏着从世界各地收集上来的种子。如果我们的大米或小麦像香蕉一样染上传染病，我们就可以从种子保管所里选取拥有不同基因的种子进行杂交，从而培育出能够抵抗传染病的新品种。

香蕉也可以这么做吗？如果能够找到新的野生品种香蕉，我们完全可以做到这一点。此外，科学家们还可以通过基因重组技术研发出新的品种，也就是变异育种。

多段果丛同时结果的香蕉

沃森叔叔、克里克叔叔，
听说基因是双螺旋形的结构？

基因不仅能形成人脑、脚趾、手指，还能确定鼻子的形状。基因是如何做到这一切的呢？我们不但发现基因是一种双螺旋结构，而且解开了这种结构中隐藏的秘密。

科学家们很好奇基因是怎样产生，又是如何形成我们的身体的。

直到 1944 年，一位名叫埃弗里的美国细菌学家首次发现了遗传物质。

但是他无法解释长得像链子一样的 DNA，是如何“制造”出复杂的人体的。

科学家们渐渐明白一个道理。那就是只要弄清楚 DNA 的结构，就能解开遗传的秘密，这么重大的成果完全可以参选诺贝尔奖。

“我们一定要赶在别人之前弄清楚 DNA 的结构！”美国分子生物学家詹姆斯·沃森和英国生物学家弗朗西斯·克里克下定决心道。

1951 年，他们在剑桥大学的研究所里相遇，然后决定一起研究 DNA 的构造。

其他人纷纷嘲笑他们是在异想天开。

因为在别人眼中，他们都是喜欢胡思乱想的人。

即便是同一个研究所的人，也都认为沃森和克里克的研究会碰壁。在当时，人们主要使用 X 射线来观察一些肉眼看不到的事物。

但是利用 X 射线拍摄 DNA 并不是一件容易的事情，因为沃森和克里克连如何拍 X 射线照片都不是很清楚。

然而，沃森和克里克并没有就此放弃，而是决定悄悄进行研究。

他们认为这并不是什么太难的事情。

“我们干脆组装一个模型怎么样？”

这是因发现蛋白质构造而获得诺贝尔奖的美国化学家鲍林曾使用过的方法。鲍林首先把氨基酸画在纸上，然后剪下来，放在一起组装，从而得到蛋白质分子结构。后来，他又使用类似于小孩玩具的积木组装出了蛋白质模型。

沃森和克里克也订购了积木，想要试着组装出模型来。

他们马上发现，这根本没有想象的那么简单。

就在这时，鲍林公布自己发现了 DNA 结构。

沃森和克里克感到非常痛心。但是，在看到鲍林发表的 DNA 构造的那一刻，他们便明白鲍林的观点是错误的。鲍林认为 DNA 是由“三条链”构成的，但是沃森和克里克却认为 DNA 是由“两条链”构成的。

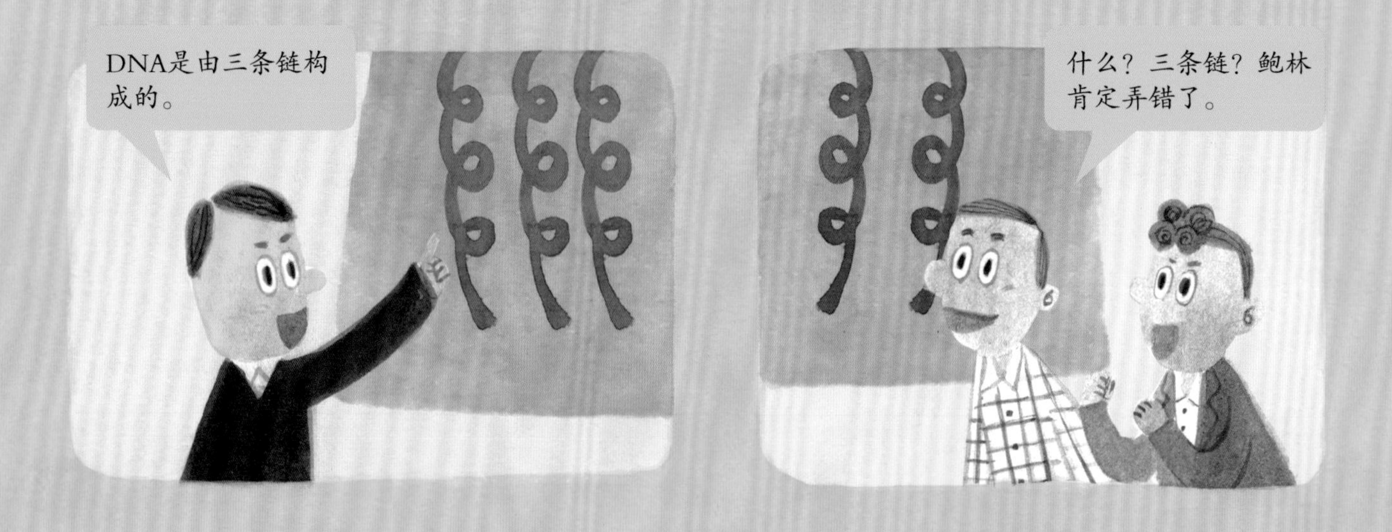

幸运的是，沃森又看到另一个竞争者富兰克林拍摄的 DNA 结构的 X 射线照片。从照片上可以看出，DNA 是由两条链构成的双螺旋形结构。

沃森和克里克马不停蹄地组装起积木模型来。

顿时，一个扭曲的梯子形模型展现在他们眼前。

它正是我们所熟悉的双螺旋结构。

他们两个人终于发现了遗传物质的样子。

1953 年，沃森和克里克发表了这一研究结果，然后在1962年获得了诺贝尔奖。

DNA

DNA 是储存遗传信息的物质。DNA 中的两条螺旋链条由四种碱基连接而成，可根据碱基的排列顺序储存遗传信息。被复制的 DNA 会传递给通过细胞分裂产生的子细胞，然后通过生殖过程将遗传信息传给子女。

双螺旋结构

DNA由脱氧核糖、磷酸、碱基组成。脱氧核糖和磷酸就像一条链子一样交替联结在一起，组成双螺旋形的链条，同时旁边有凸出来的碱基，将两条链子连接起来。

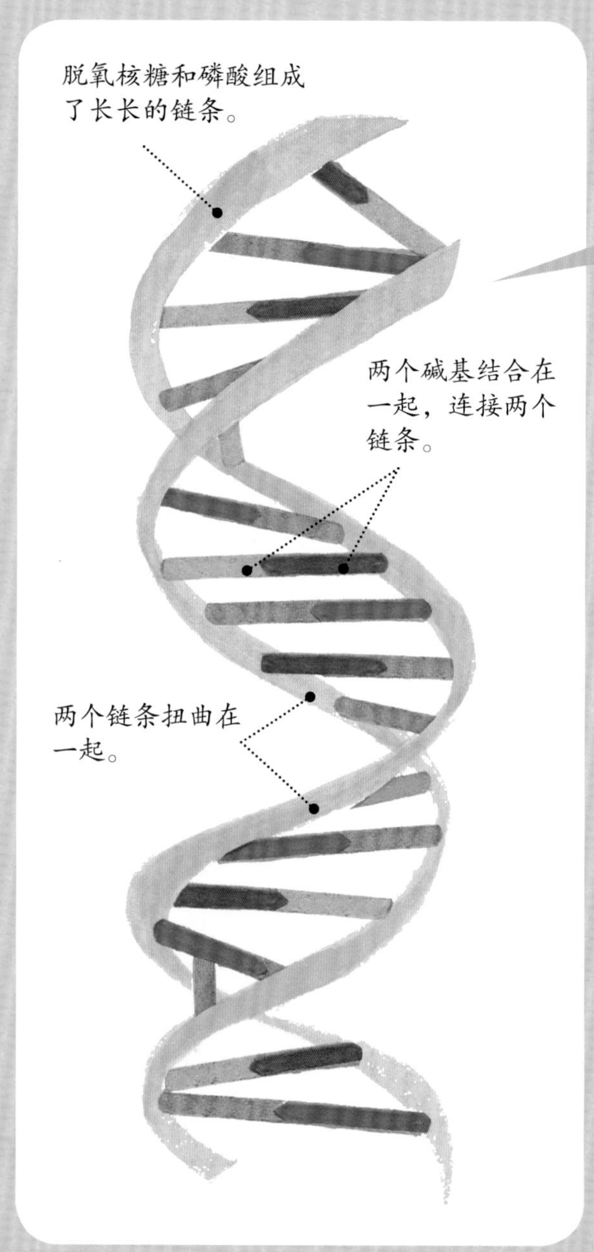

脱氧核糖和磷酸组成了长长的链条。
两个碱基结合在一起，连接两个链条。
两个链条扭曲在一起。

碱基有腺嘌呤、鸟嘌呤、胸腺嘧啶和胞嘧啶四种。

碱基都有自己的“伙伴”，所以只能和自己的“伙伴”结合在一起。

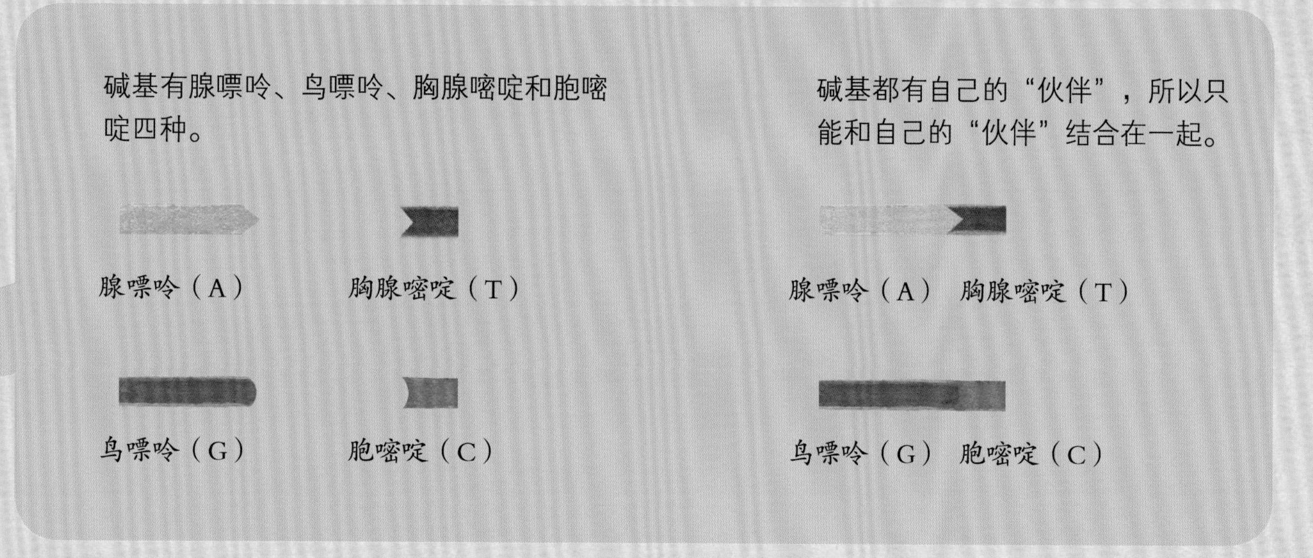

DNA复制

双螺旋的结合被解开，新的“伙伴”碱基被复制出现，就形成了与原来的DNA一模一样的DNA排列。

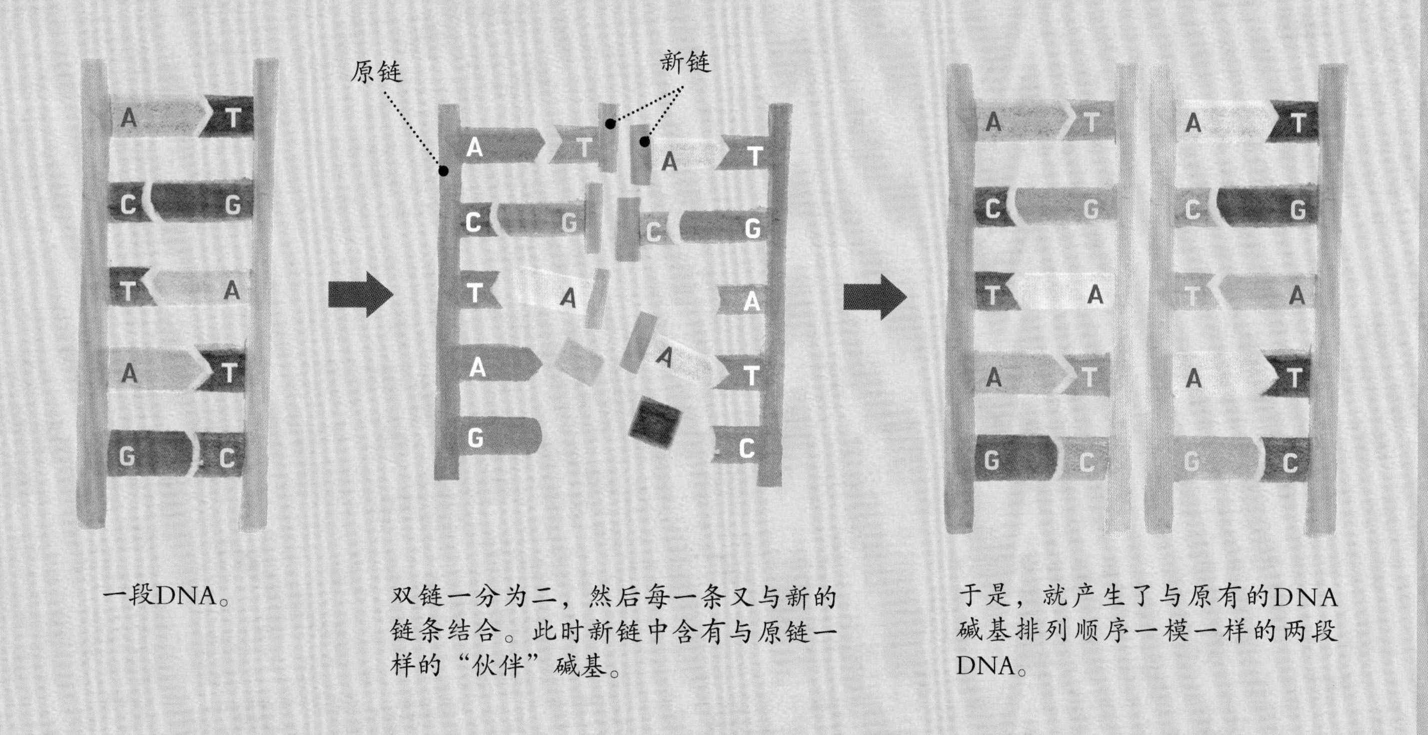

一段DNA。

双链一分为二，然后每一条又与新的链条结合。此时新链中含有与原链一样的“伙伴”碱基。

于是，就产生了与原有的DNA碱基排列顺序一模一样的两段DNA。

用DNA抓住犯人

就像每个人都拥有不同的指纹，分析每个人DNA信息的DNA指纹也是大相径庭。正因如此，所以我们不但能用DNA指纹来进行个人识别，还能用来鉴定亲子关系。

近年来，DNA指纹鉴定被广泛应用于案件调查中。例如，从案发现场发现的血迹、头发、使用过的牙刷、杯子上的唾液等样本中获取DNA指纹，然后再与嫌疑人的DNA指纹进行比较，从而找出犯人。DNA指纹鉴定在寻找罪犯、侦查案件中起着非常重要的作用。另外，即使用于检查的DNA量非常少或者年代久远，也可以进行分析，甚至准确性高达99%。目前，DNA指纹鉴定已然成为调查犯罪事件时需要经过的一道基本程序。因此，对于一些拥有重大犯罪记录的犯人，侦查机关会采集他们的DNA指纹，保存到数据库中。如此一来，当发生案件后，警察就能在最短的时间内找到罪犯。但是也有人担心这些DNA数据会侵犯个人隐私。

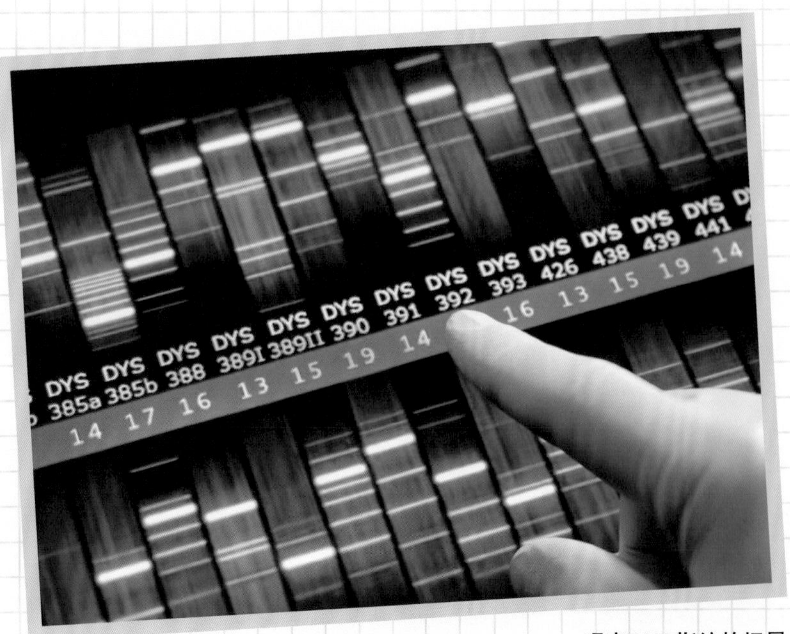

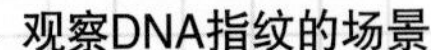
观察DNA指纹的场景

遗传的秘密能够全部解开吗?

19 世纪末，自从孟德尔发现遗传的基本定律后，科学家们开始一一解开遗传的秘密。随着 DNA 结构被发现后，人们终于明白子女为什么长得像父母，但又不完全一样。然而，即使是现在，基因中仍有不少有关生命的秘密没有被人们解开。

1865年
发表遗传定律
孟德尔研究豌豆，并发表了遗传基本定律，即亲本上的显性性状和隐性性状会根据规律在子代上体现。
1901年
发现变异
德弗里斯发现变异现象，即子代身上会出现亲本不具有的新的性状并会遗传下去。
1926年
基因学说
摩尔根通过果蝇杂交实验，证明孟德尔遗传定律是正确的。他还发现基因在染色体中是按照一定的顺序排列的。

标记的部分是正文中出现的内容。

1944年
发现DNA
埃弗里发现遗传物质是一种叫DNA的物质。
1953年
发现DNA双螺旋结构
沃森和克里克发现遗传物质DNA的结构，并找出遗传信息传递给子代的方式。
现在
如今，基因工程学越来越发达，还被人们广泛应用在治疗疾病、医药品生产、农畜产品开发、生物产业、环境污染改善等各种领域中。不过，对于基因，人们依然还有太多解释不清楚的地方。

图字：01-2019-6047

图书在版编目（CIP）数据

遗传的故事 /（韩）李韩音文；（韩）安宰善绘；千太阳译．—北京：东方出版社，2020.7
（哇，科学有故事！．第一辑，生命·地球·宇宙）
ISBN 978-7-5207-1481-5

Ⅰ．①遗…　Ⅱ．①李…　②安…　③千…　Ⅲ．①遗传学—青少年读物　Ⅳ．① Q3-49

中国版本图书馆 CIP 数据核字（2020）第 038679 号

哇，科学有故事！生命篇·遗传的故事
（WA，KEXUE YOU GUSHI! SHENGMINGPIAN · YICHUAN DE GUSHI）
作　　者：［韩］李韩音 / 文　［韩］安宰善 / 绘
译　　者：千太阳

策划编辑：鲁艳芳　杨朝霞
责任编辑：杨朝霞　金　琪
出　　版：东方出版社
发　　行：人民东方出版传媒有限公司
地　　址：北京市西城区北三环中路6号
邮　　编：100120
印　　刷：北京彩和坊印刷有限公司
版　　次：2020年7月第1版
印　　次：2020年7月北京第1次印刷　2021年9月北京第4次印刷
开　　本：820毫米×950毫米　1/12
印　　张：4
字　　数：20千字
书　　号：ISBN 978-7-5207-1481-5
定　　价：398.00元（全14册）
发行电话：（010）85924663　85924644　85924641

文字　[韩] 李韩音

毕业于首尔大学生物学专业。在1996年，以实验室为背景创作的科学小说《解剖的目的》，刊登在京乡新闻的新春文艺栏中。后来，成为一名科普作家。主要作品有《拯救危机的地球穹顶》《略懂时光机和科学的机器人》《生命的魔法师——基因》；译作有《地球的告白》《达尔文的进化实验室》《信息图表学习百科》等。

插图　[韩] 安宰善

毕业于弘益大学木工雕刻和家具专业，并在英国布莱顿学院就读插图课程。在2014年博洛尼亚儿童图书展上荣获“今年的插画家”。主要作品有《脚链敢死队》《山神学校》《鸟王国的孩子》等。

哇，科学有故事！（全 33 册）

解决问题

扫一扫
看视频，学科学